# Auswirkungen des Klimawandels auf die Golfstromzirkulation und die Folgen für Europa

J. Michel

**Bibliografische Information der Deutschen Nationalbibliothek:**

Die Deutsche Nationalbibliothek verzeichnet diese Publikation in der Deutschen Nationalbibliografie; detaillierte bibliografische Daten sind im Internet über http://dnb.d-nb.de abrufbar.

ISBN: 9783346899873
Dieses Buch ist auch als E-Book erhältlich.

© GRIN Publishing GmbH
Trappentreustraße 1
80339 München




Druck und Bindung: Books on Demand GmbH, Norderstedt Germany
Gedruckt auf säurefreiem Papier aus verantwortungsvollen Quellen

Das vorliegende Werk wurde sorgfältig erarbeitet. Dennoch übernehmen Autoren und Verlag für die Richtigkeit von Angaben, Hinweisen, Links und Ratschlägen sowie eventuelle Druckfehler keine Haftung.

Das Buch bei GRIN: https://www.grin.com/document/1367730

# Inhaltsverzeichnis

# Vorwort

Der anthropogene Klimawandel ist die wahrscheinlich größte und dringlichste Herausforderung in der Geschichte der Menschheit - mit vielseitigen und dramatischen Auswirkungen: steigende Temperaturen, zunehmende extreme Wetterphänomene, steigender Meeresspiegel. Kein Mensch, kein Lebewesen und kein Ort auf unserer Erde wird in den kommenden Jahren nicht von diesen Folgen betroffen sein. Auch die Golfstromzirkulation, Teil eines komplexen Systems verschiedener Meeresströme in allen Ozeanen der Erde, wird durch den Klimawandel maßgeblich beeinflusst. Sie ist eine der Hauptverantwortlichen für das gemäßigte Klima in Europa, denn sie befördert gigantische Mengen an warmen Wassermassen aus dem Golf von Mexiko zum europäischen Subkontinent und bildet somit seit Millionen von Jahren die Grundlage für das ungewöhnlich milde Klima in diesen Breitengraden.

Immer wieder wird auch von diversen Medien spekuliert, dass diese „Wärmepumpe" sich als Folge des Klimawandels abschwächen oder sogar versiegen könnte. Teilweise werden sogar dramatische Szenarien einer drohenden neuen Eiszeit für Europa gezeichnet. Selbst Hollywood hat sich mit Roland Emmerichs Katastrophenfilm „The Day After Tomorrow" diesem Thema gewidmet, wenn auch nicht gerade mit wissenschaftlicher Herangehensweise.

Seit einigen Jahren steht der Golfstrom deshalb wieder vermehrt im Fokus zahlreicher Forschungsprojekte. Es gilt herauszufinden, in welcher Konstitution sich die Strömung aktuell befindet und welche Auswirkungen eine mögliche Abschwächung oder gar ein drohender Kollaps des Systems auf den Planeten und insbesondere auf den europäischen Kontinent hätte.

# 1. Golfstromzirkulation

Unsere Weltmeere beherbergen zahlreiche Strömungen und Stromsysteme, die einen großen physikalischen, chemischen und biologischen Einfluss auf unser Klima und die Verhältnisse in den Ozeanen haben. Die Golfstromzirkulation bildet dabei ein sehr bedeutendes Strömungssystem.[1] Sie ist Teil des globalen Förderbands – ein komplexes, zusammenhängendes System von Meeresströmungen, das den ganzen Planeten umspannt.[2]

Der Begriff Golfstrom, der sich in unserem Sprachgebrauch eingebürgert hat, bezeichnet genau genommen nur den Teilabschnitt entlang der Ostküste der USA. Das gesamte Strömungssystem wird von der Wissenschaft daher als Golfstromzirkulation oder Golfstromsystem bezeichnet. Die Meeresströmung wurde 1513 vom spanischen Seefahrer Ponce de León erstmals erwähnt und befördert ca. 30-mal mehr Wasser durch den Atlantik in Richtung Norden als der Abfluss aller Flüsse des Planeten zusammen.[3, 4]

## 1.1 Geographische Lage und Verlauf

Das Golfstromsystem ist ein Teilabschnitt der Atlantischen Umwälzzirkulation (AMOC), eines der wichtigsten Ozeanzirkulationssysteme der Erde. Seine warme Oberflächenströmung (siehe Abbildung 1: rote dargestellte Ströme) hat ihren Ursprung im Golf von Mexiko, nach welchem die Strömung durch den ehemaligen US-Präsidenten Benjamin Franklin auch benannt wurde. Das dort von der tropischen Sonne erwärmte Wasser fließt durch die enge Floridastraße, zwischen Kuba und den Florida Keys, und anschließend nordwärts entlang der Ostküste der USA. Dieser Teilabschnitt ist auch als Floridastrom bekannt. Bei Cape Hatteras im Bundesstaat North Carolina verlässt die Strömung das amerikanische Festland und breitet sich fächerförmig in Richtung Nordosten aus. Der Haupt-Arm wird in der Folge als Nordatlantikstrom bezeichnet. Der südlichste Zweig dieser Passage fließt durch den Atlantischen Ozean bis zu den Azoren, wo dieser schließlich kehrt macht und vorbei an der Küste Afrikas wieder zurück in den Golf von Mexiko strömt. Andere, schwächere Zweige des Atlantikstroms fließen

---

[1] Vgl. Prof. Dr. Latif, Mojib et al., *Zukunft der Golfstromzirkulation*, Deutsches Klima-Konsortium e. V., Berlin, 2017, S. 6

[2] Vgl. Ortlieb, Claus Peter, et al., *Stabilität des Golfstroms*, 2009, S. 144

[3] Vgl. Prof. Dr. Latif, Mojib et al., Zukunft der Golfstromzirkulation, Deutsches Klima-Konsortium e. V., Berlin, 2017, S. 6

[4] Vgl. Stommel, Henry, *The Gulf Stream – A Brief History of the Ideas Concerning Its Cause*, in: The Scientific Monthly 70.4, New York, 1950, S. 242

zwar an die Küste der Iberischen Halbinsel, in den Golf von Biskaya und in den Ärmelkanal, der Hauptstrom setzt sich allerdings entlang der irischen Küste fort, weshalb in diesem Sektor auch vom Irischen Strom die Rede ist. Weiter verläuft das Golfstromsystem zwischen den Färöer Inseln und vorbei an Norwegens Fjorden, wo die Wassermassen sich langsam abkühlen und als Kaltwasserstrom (sieh Abbildung 1: blaue Ströme) in südwestliche Richtung umdrehen. Zwischen Grönland und Island und später längs des amerikanischen Kontinents fließt die Strömung zurück in den südlicheren Teil des Atlantiks.[5, 6]

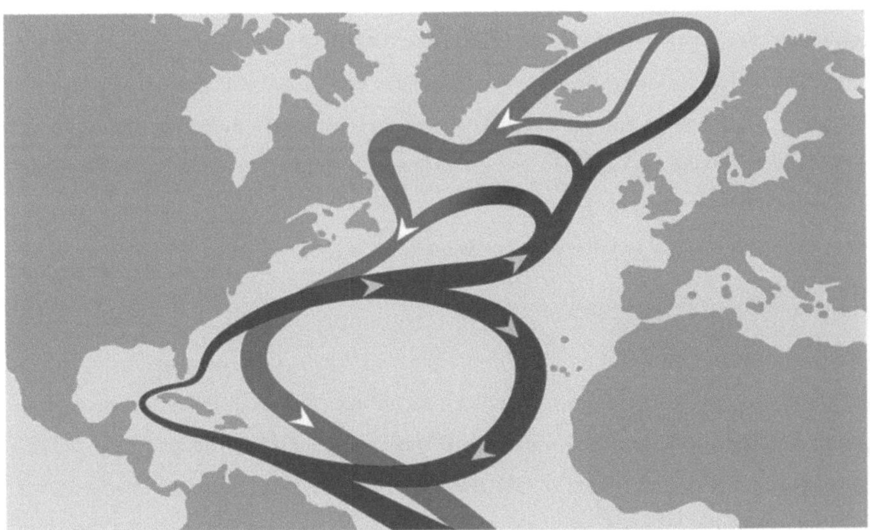

*Abbildung 1: grobe Darstellung des Strömungsverlaufs des Golfstromsystems im Nordatlantik. Anmerkung: Warme Meeresströme sind rot, kaltes Tiefenwasser blau gekennzeichnet.[7]*

## 1.2  Funktionsweise & Einflussfaktoren

Der Golfstrom wird, wie jede Meeresströmung, hauptsächlich durch drei verschiedene Einflussfaktoren bewegt: die Gezeiten, Winde und die sogenannte thermohaline Zirkulation. Bis

---

[5] Vgl. Fofonoff, Nicholas Paul, *The Gulf Stream System, Evolution of Physical Oceanography: scientific surveys in honor of Henry Stommel*, 1981, S. 113 - 114

[6] Vgl. Dr. Zenker, E., *Der Golfstrom: Der Warmwasserspeicher Europas*, In: Prisma 11, 1950, S. 504 - 508

[7] Hermes Furian, Peter, https://www.shutterstock.com/de/image-vector/gulf-stream-atlantic-ocean-circular-flows-1067190128, 09.10.2022 (zugeschnitten)

heute konnte die Wissenschaft jedoch nicht eindeutig klären, welchen prozentualen Anteil die jeweiligen Faktoren am Golfstromsystem haben.[8]

## 1.2.1 Gezeiten

Die Bewegungen des Wassers, verursacht durch die Anziehungskräfte von Sonne und Mond, werden als Gezeiten bezeichnet. Diese sind ursächlich für Ebbe und Flut. Vereinfacht gesagt, steigt der Meeresspiegel an den Stellen, an denen der Mond durch seine Gravitationskraft eine große Menge Wasser anzieht. Diese Stellen werden als sogenannte „Tidenbeulen" bezeichnet. Aufgrund der Erdrotation wandern diese Beulen durch die Weltmeere. An den Küsten äußert sich diese Bewegung des Wassers als Ebbe und Flut. Allerdings kann eine so große Menge an Wasser nicht mit der Geschwindigkeit der Erdrotation mithalten. Daher ändern diese Tiden mehrmals am Tag die Richtung und kreisen im Ozean eher umher, d.h. sie können Wasser nicht gleichmäßig über weitere Strecken bewegen. Aus diesem Grund wird der Golfstrom wohl nur minimal von den Gezeiten beeinflusst.[9]

## 1.2.2 Winde und Corioliskraft

Der zweite Einflussfaktor auf Meeresströmungen sind Winde. Diese erzeugen eine Reibung auf der Wasseroberfläche, welche wiederum ursächlich für Wellen und Oberflächenströmungen ist. Verantwortlich für die Bewegung der Golfstromzirkulation sind hauptsächlich die Passatwinde, die in Richtung Europa wehen. Durch den Einfluss der Corioliskraft abgelenkt, verlaufen diese Winde ostwärts, und lenken somit die Wassermassen gen europäischen Kontinent. Auch die Corioliskraft selbst sorgt dafür, dass die Meeresströmung weiter nach Osten getrieben wird. Diese Kraft wirkt z.B. auf Winde und Ströme, die sich vom Äquator geradlinig entlang der Längengrade nordwärts bewegen. Geschwindigkeiten von Objekten sind, durch die dortige Erdrotation, am Äquator nämlich höher als weiter nördlich. Wenn sich diese in vertikale Richtung nach oben bzw. nordwärts bewegen, behalten sie ihre Schnelligkeit bei und sind damit schneller als die weiter nördlich herrschende Drehgeschwindigkeit der Erde in

---

[8] Vgl. Rahmstorf, Stefan / Richardson, Katherine, *Wie bedroht sind die Ozeane? Biologische und physikalische Aspekte*, Frankfurt a. M., 2007, S. 30, S. 35 - 36
[9] Vgl. Ebd., S. 30 - 31

diesen Breitengraden. In der Folge werden die Körper auf der Nordhalbkugel in östliche Richtung abgelenkt.[10, 11]

### 1.2.3 Thermohaline Zirkulation

Die dritte Antriebskraft von Meeresströmungen ist die thermohaline Zirkulation. Darunter versteht sich der Austausch von Wärme und Süßwasser an der Oberfläche des Meeres. Diese Zirkulation entsteht durch Wassermassen mit abweichender Dichte, verursacht durch Unterschiede in Salinität (Salzgehalt) und Temperatur. Kaltes und salziges Wasser ist dichter und somit schwerer als warmes und weniger salzhaltiges Wasser. Das warme Wasser des Golfstroms gibt in seinem Verlauf stetig Wärme an die Atmosphäre ab und kühlt sich dadurch sukzessive ab und die Dichte wird größer. Ist die Dichte und damit das Gewicht groß genug, sinkt das abgekühlte Wasser in die Tiefe und kreiert dadurch eine Sogwirkung für nachströmendes, warmes Wasser. Abbildung 2 stellt diesen Vorgang vereinfacht, bildlich dar.[12, 13]

Ein Abkühlen des Wassers allein reicht nicht aus, um eine hinreichende vertikale Umwälzung auszulösen, auch der Salzgehalt muss entsprechend hoch genug sein. Die Golfstromzirkulation selbst führt dieses Salz ausreichend mit sich. Dieser hohe Salzanteil ist eine von mehreren Ursachen, weshalb das Wasser nördlich des Äquators nur im Nordatlantik in die Tiefe sinkt.[14]

Das kalte Tiefenwasser muss sich später, mit Hilfe von Gezeiten und Winden, an einem anderen Ort wieder mit wärmerem Wasser vermengen, um diesen Kreislauf zu schließen. Das ständige Vermischen und Abkühlen bewirkt, dass diese große Umwälzung (ohne gravierende äußere Einflüsse) andauert und nicht eines Tages zum Stillstand kommt.[15]

---

[10] Vgl. Rahmstorf, Stefan / Richardson, Katherine, *Wie bedroht sind die Ozeane? Biologische und physikalische Aspekte*, Frankfurt a. M., 2007, S. 31 - 33

[11] Vgl. N. N., *Corioliskraft*, https://www.dwd.de/DE/service/lexikon/begriffe/C/Corioliskraft.html, 07.11.2022

[12] Vgl. Rahmstorf, Stefan / Richardson, Katherine, *Wie bedroht sind die Ozeane? Biologische und physikalische Aspekte*, Frankfurt a. M., 2007, S. 33 - 35

[13] Vgl. Rahmstorf, Stefan, *Thermohaline Ocean Circulation*, in: Encyclopedia of Quarternary Sciences 5, Amsterdam, 2006

[14] Vgl. Prof. Dr. Latif, Mojib et al., Zukunft der Golfstromzirkulation, Deutsches Klima-Konsortium e. V., Berlin, 2017, S. 7

[15] Vgl. Prof. Dr. Latif, Mojib et al., *Zukunft der Golfstromzirkulation*, Deutsches Klima-Konsortium e. V., Berlin, 2017, S. 8

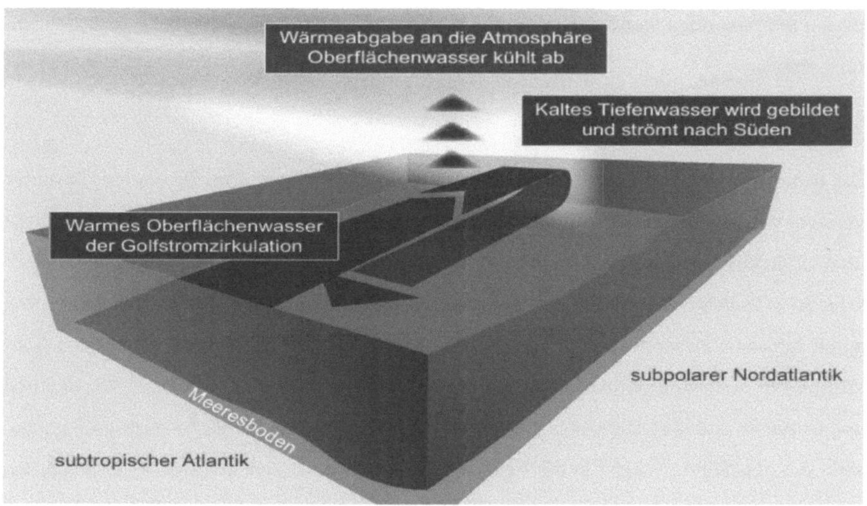


*Abbildung 2: grafische Darstellung der thermohalinen Zirkulation. Warmes Oberflächenwasser verliert mit der Zeit an Wärme, sinkt anschließend aufgrund seiner größeren Dichte ab und bildet kaltes Tiefenwasser. Dieses Absinken erzeugt wiederum eine Sogwirkung für nachströmendes, warmes Wasser.[16]*

## 1.3   Auswirkungen auf das Klima in Europa

Das Golfstromsystem ist für das Klima in Westeuropa von außerordentlicher Bedeutung. Ihm verdanken wir das dort vorherrschende, gemäßigte Klima. Neben den warmen Wassermassen ist es vor allem die warme Luft über der Meeresströmung, die die Golfstromzirkulation, gemeinsam mit den Westwinden, regelrecht zu einer Heizung für den europäischen Kontinent machen.[17]

Denn, das Wasser der Golfstromzirkulation ist um durchschnittlich 4 - 5° Celsius wärmer als die umgebenden Wassermassen, die vom Golfstrom unbeeinflusst sind. Das Wasser gibt seine Wärme sukzessive an die Atmosphäre ab und erwärmt die darüber liegenden Luftschichten. Dies sorgt für ein feuchtes und mildes Klima an den Küsten, welches von den, in Nordeuropa vorherrschenden, ostwärts wehenden Winden auch weit in das Festland des europäischen Kontinents hineingetragen wird und dort seine Wärme abgibt. Speziell in den Wintermonaten sind die Auswirkungen deutlich zu spüren: Der Winter in Nordeuropa ist nicht so kalt wie auf

---

[16] Vgl. Ebd., S. 7
[17] Vgl. Dr. Zenker, E., *Der Golfstrom: Der Warmwasserspeicher Europas*, In: Prisma 11, 1950, S. 508

vergleichbaren Breitengraden anderer Kontinente und die Bildung von Meereis am Nordkap wird verhindert. Besonders die wolkenbildenden Eigenschaften der feuchten Westwinde tragen dazu bei, die Auskühlung des Bodens in Grenzen zu halten. Diese Auskühlung wird z.B. in Nordamerika durch viele, klare und wolkenlose Nächte begünstigt und sorgt dort im Winterhalbjahr u.a. für die vorherrschende, klirrende Kälte. Europa dagegen wird oft von Wolken bedeckt, die die Abgabe von im Boden gespeicherter Wärme und somit die Verringerung der Lufttemperatur deutlich abbremsen.[18]

Die beiden in Abbildung 3 und 4 dargestellten Klimadiagramme veranschaulichen die großen, klimatischen Diskrepanzen zwischen dem westeuropäischen Kontinent und dem Norden Amerikas. Neapel und New York, als beispielhaft zu vergleichende Städte, befinden sich jeweils an der Küste und liegen nahezu exakt auf dem gleichen Breitengrad.

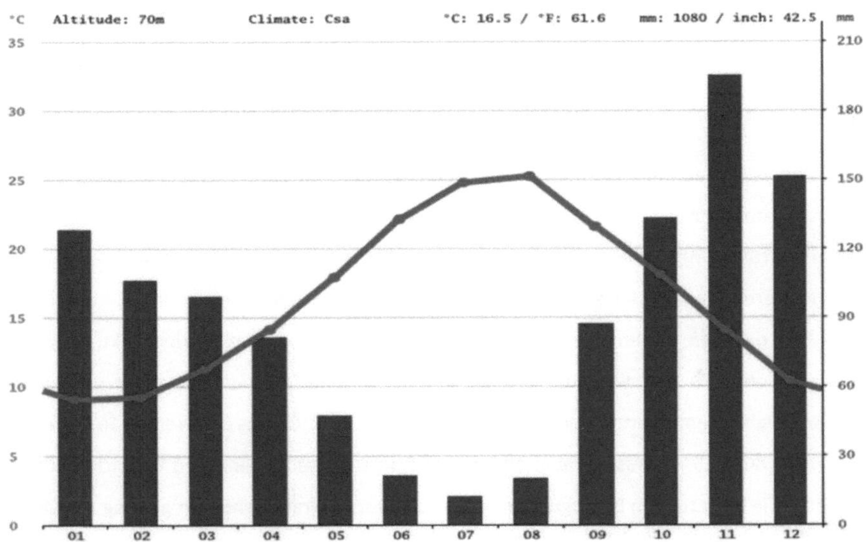


Abbildung 3: Klimadiagramm Neapel, Italien[19]


[18] Vgl. Dr. Lämmerhirt, Herrmann, *Der Golfstrom: seine Entstehung und sein Einfluß auf das Klima des nordwestlichen Europas*, Bremerhaven, 1887, S. 17 - 19

[19] N. N., *Naples Climate (Italy)*, https://en.climate-data.org/europe/italy/campania/naples-4561/, 10.10.2022

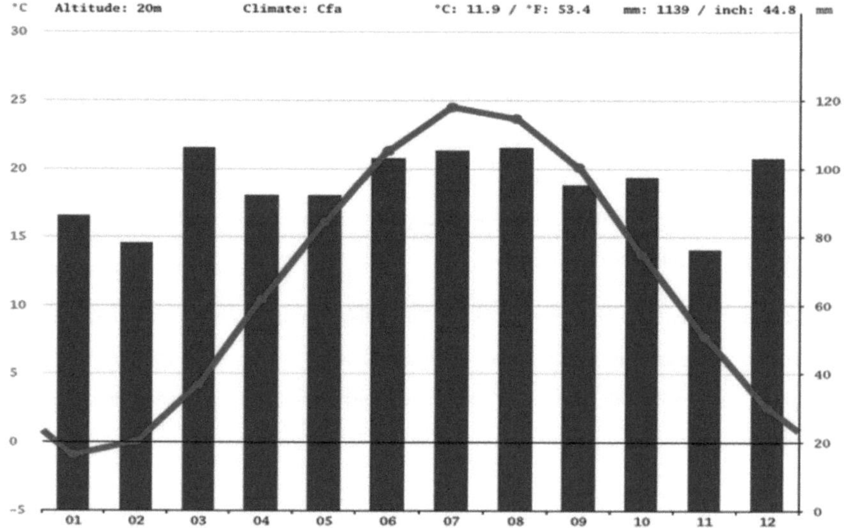


*Abbildung 4: Klimadiagramm New York, USA[20]*

Bei näherer Betrachtung der beiden Klimadiagramme, fällt zunächst auf, dass die Durchschnittstemperaturen in den Sommermonaten keine großen Unterschiede aufweisen. Dies ändert sich allerdings, sobald die Wintermonate näher betrachtet werden. In Neapel fallen die Temperaturen im Durchschnitt im Januar und Februar nur sehr knapp unter 10° Celsius. In New York dagegen, nähern sich die Werte in beiden Monaten dem Gefrierpunkt. Teilweise unterscheiden sich hier die Lufttemperaturen um bis zu 10° Celsius. Insgesamt weisen die mittleren Jahrestemperaturen eine Differenz von beinahe 5° Celsius auf (Neapel 16,5° Celsius und New York 11,9° Celsius, siehe Abbildungen). Ein deutlicher Unterschied, der sich natürlich stark auf die klimatischen Bedingungen in der näheren geographischen Umgebung auswirkt.

Nicht nur die Temperaturen werden vom Golfstromsystem und den Westwinden wesentlich beeinflusst. Denn, die Winde befördern nicht nur Wärme an die europäischen Küsten, sondern auch eine große Menge an Feuchtigkeit welche zum Teil folglich auch Niederschläge mit sich bringt. Der in der warmen Luft enthaltene Wasserdampf verdichtet sich zu Regen, wenn er auf kältere Schichten in Bodennähe oder in größerer Höhe trifft. Besonders häufig tritt dies an

---


[20] N. N., *New York Climate (United States of America),* https://en.climate-data.org/north-america/united-states-of-america/new-york/new-york-1091/, 10.10.2022

den gebirgigen Westküsten Europas auf. Hier wird die wasserhaltige Luft gezwungen aufzusteigen, sie wird weiter verdichtet und es entsteht Niederschlag.[21]

## 1.4 Bedeutung für den Menschen

Die in Kapitel 1.3 beschriebenen, klimatischen Einflüsse sorgen z.B. dafür, dass die Waldgrenze in Europa bis über den 70. Breitengrad hinaus geht, während im Gegensatz dazu im Norden Kanadas nur bis zum 52. Grad nördlicher Breite Bäume vorzufinden sind. Dies lässt in Europa eine forstwirtschaftliche Nutzung bis in den hohen Norden Norwegens zu. Die Wirtschaft in Nordkanada hingegen ist geprägt von Jagd und Fischerei. Im Gegensatz dazu sind in gleichen Breitengraden Europas Land- und Weidewirtschaft möglich und auch verbreitet. So kann u.a. Wein in Nordamerika nur bis zum 41. Breitengrad angebaut werden, während die klimatischen Bedingungen dies in Europa bis zum 52. Grad zulassen. Früher konnte der Weinbau sogar bis in England betrieben werden, der Anbau dort wurde allerdings aufgegeben, da Sorten, die weiter südlich gedeihen, eine bessere Qualität auswiesen. Des Weiteren gedeihen im Norden des europäischen Kontinents Gerste sowie andere Getreidesorten und verschiedene Blumenarten. Apfel- und Kirschbäume wachsen sogar bis an den Polarkreis. Florierenden Städten auf dem 70. Breitengrad im Westen stehen weitestgehend unbekannte, vergletscherte Landmassen im Osten gegenüber.[22]

Die milden Wassermassen des Golfstromsystems locken außerdem zahlreiche Nutzfische an die Küsten Europas, wie unter anderem Heringe und Dorsche (der wichtigste Handelsfisch der Welt), die für die Fischerei von außerordentlicher Bedeutung sind. Aus diesem Grund finden sich einige der ertragreichsten Fischgründe der Welt an der Küste Norwegens.[23]

Generell sorgt die Golfstromzirkulation also durch die günstigen klimatischen Bedingungen für eine ertragreiche Land- und Fischereiwirtschaft der Menschen.

Ein weiterer wichtiger Aspekt für die Bewohner Europas ist der Tourismus. Zusammen mit anderen eng verflochtenen Wirtschaftsbereichen, sind im Tourismussektor ca. 27,3 Millionen Menschen in der Europäischen Union beschäftigt. Dies entspricht einem Anteil von rund 12 % der Gesamtbeschäftigung. Der Beitrag des Tourismus zum Bruttoinlandsprodukt der EU

---

[21] Vgl. Dr. Lämmerhirt, Herrmann, Der Golfstrom: seine Entstehung und sein Einfluß auf das Klima des nordwestlichen Europas, Bremerhaven, 1887, S. 19

[22] Vgl. Dr. Zenker, E., *Der Golfstrom: Der Warmwasserspeicher Europas*, in: Prisma 11, 1950, S. 504 - 508

[23] Vgl. Pantenburg, Vitalis, *Der Golfstrom: Fernheizung Europas*, in: Lux-Lesebogen 351, 1961, S. 31 – 32

beträgt mehr als 10 %.[24] Folglich ist der Fremdenverkehr ein äußerst bedeutender Wirtschaftssektor, dessen Stellenwert ohne den Golfstrom und dem damit verbundenen gemäßigten Klima sicher wesentlich geringer ausfallen würde. Schließlich würde sich sonst wohl ein deutlich größerer Teil des Kontinents unter einer dicken Eisschicht verbergen.

## 2.   Mögliche Abschwächung des Golfstromsystems

In den letzten Jahren sind immer wieder Medienberichte und Studien aufgetaucht, die behaupteten, die Golfstromzirkulation habe sich im Zuge der anthropogenen Klimaerwärmung abgeschwächt. Besondere Aufmerksamkeit erhielt eine Studie aus dem Jahr 2005, die aussagt, dass die Umwälzzirkulation sich im Zeitraum von 1997 bis 2004 um bis zu 30 % abgeschwächt haben soll. Hierfür wurden innerhalb von 5 Jahren verschiedenste Messungen an unterschiedlichen Orten von Schiffen im Atlantik vorgenommen. Zu kritisieren ist dabei, dass die vergleichenden Messungen nicht in den gleichen Jahreszeiten stattgefunden haben. Werden die natürlichen Schwankungen der Golfstromzirkulation über die Jahreszeiten berücksichtigt, so begrenzt sich die Abschwächung der Strömung auf nur rund 10 %, welche sich absolut im Rahmen der natürlichen Schwankungen des kompletten Systems bewegt. Außerdem reicht ein Zeitraum von 5 Jahren keinesfalls aus, um eine langfristige Abschwächung des Systems festzustellen. Des Weiteren werden erst seit 1995 genauere Messungen der Strömung vorgenommen. Insgesamt ist also festzustellen, dass die bisherige Datenlage nicht ausreicht, um die Frage nach einer langfristigen Änderung der Golfstromzirkulation zu beantworten.[25]

Klimaforscherinnen und -forscher bedienen sich daher an anderen Messwerten: der Abkühlung von Temperaturen des Atlantischen Ozeans rund um Island und Grönland. Diese fungiert als eine Art Indikator für eine Abschwächung des Golfstromsystems und könnte tatsächlich ein Zeichen dafür sein. Denn, obwohl sich der Rest des Planeten in den letzten 120 Jahren um durchschnittlich 1° Celsius erwärmt hat, lässt sich im Norden des Atlantiks ein Rückgang bzw. eine Stagnation der Temperaturen feststellen, wie Abbildung 5 auch deutlich aufzeigt.[26]

---

[24] Vgl. N. N., *Tourismus*, https://www.europarl.europa.eu/factsheets/de/sheet/126/tourism, 2022, 29.12.2022
[25] Vgl. Prof. Dr. Latif, Mojib et al., *Zukunft der Golfstromzirkulation*, Deutsches Klima-Konsortium e. V., Berlin, 2017, S. 12
[26] Vgl. Prof. Dr. Latif, Mojib et al., *Zukunft der Golfstromzirkulation*, Deutsches Klima-Konsortium e. V., Berlin, 2017, S. 12

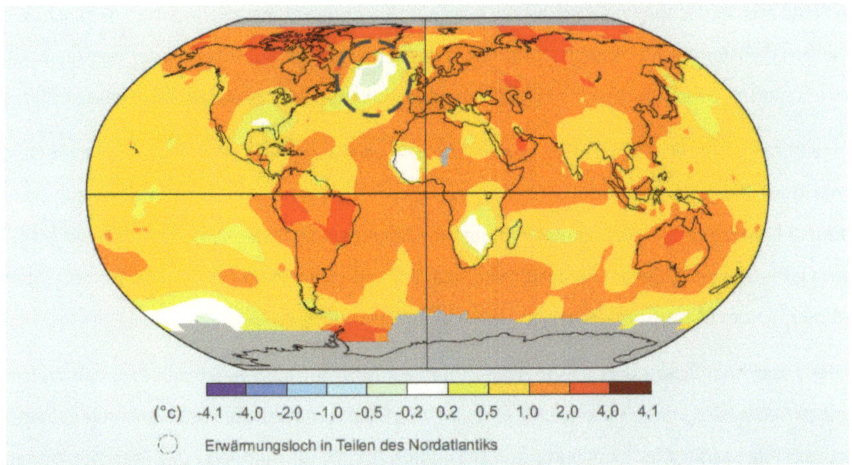


*Abbildung 5: Veränderung der Meeresoberflächentemperatur bzw. Lufttemperatur 2 Meter über dem Meeresspiegel von 1900 bis 2016. Der globale Durchschnitt beträgt in etwa 1° Celsius. Auffällig ist das "Wärmeloch" im Norden des Atlantiks. Dort kam es sogar zu einer Abkühlung bzw. Nichterwärmung. Für grau markierte Regionen sind zu wenige Daten vorhanden.*[27]

Genau in dieser Umgebung prognostizieren Klimamodelle sinkende Temperaturen im Falle eines geringeren Wärmetransports durch eine Abschwächung des Strömungssystems. Im Jahr 2015 wurden dort sogar die niedrigsten Oberflächentemperaturen des Ozeans seit Beginn der Aufzeichnungen gemessen. Allerdings könnte diese Anomalie auch andere Ursachen haben, wie z.B. eine Erhöhung der Aerosol-Konzentration in diesem Gebiet, verursacht durch die Verbrennung von Kohle in Nordamerika, was ebenfalls eine Abkühlung bewirken könnte. Daran lässt sich deutlich die Komplexität und Schwierigkeit, eine Aussage über den aktuellen Zustand der Golfstromzirkulation zu treffen, erkennen. Eine exakte Feststellung lässt sich, auch aufgrund von natürlichen Schwankungen, deren Ausmaße noch weitestgehend unbekannt sind, nicht treffen.[28]

---

[27] Ebd. S. 13
[28] Vgl. Prof. Dr. Latif, Mojib et al., *Zukunft der Golfstromzirkulation*, Deutsches Klima-Konsortium e. V., Berlin, 2017, S. 12 - 13

Ein Team aus deutschen und irischen Wissenschaftler-/innen kommt dennoch zu dem Schluss, dass sich die Atlantische Umwälzströmung in der schwächsten Konstitution der letzten 1.000 Jahre befindet. Hierfür haben die Forschenden verschiedene Proxy Daten ausgewertet.[29]

Proxy Daten in der Klimaforschung sind indirekte Indikatoren, die Schlussfolgerungen auf das Klima oder die Verfassung der Atmosphäre bzw. des Ozeans früherer Perioden zulassen. Dadurch lassen sich Klimazustände vergangener Zeiten rekonstruieren, für die es keine Messdaten gibt. Bekannte Beispiele hierfür sind u.a. Eisbohrkerne, Jahresringe von Bäumen, oder Sedimente vom Meeresboden, welche auch hier Anwendung fanden.[30]

In der gesamtheitlichen und unabhängigen Betrachtung der ausgewerteten Proxy-Aufzeichnungen finden sich starke Beweise für eine, im Vergleich zu natürlichen Schwankungen unverhältnismäßig starke Abschwächung der Zirkulation im 20. Jahrhundert. Die Forscher/-innen konnten nachweisen, dass die Atlantische Umwälzzirkulation vor dem 19. Jahrhundert eine große Stabilität aufweisen konnte. Dann begann eine Abschwächung, die sich seither, bis auf eine kurze Erholungsphase in den 1990er Jahren, weiter verstärkt hat und bis heute zum schwächsten Zustand der Strömung seit 1.000 Jahren führte.[31]

## 2.1 Risikofaktor Erderwärmung

Der anthropogene Klimawandel ist wohl der größte Risikofaktor, der in Zukunft für eine Abschwächung oder gar einen kompletten Stillstand des gesamten Golfstromsystems sorgen könnte. Besonders der starke Anstieg der $CO_2$-Konzentration in der Atmosphäre und die damit verbundenen Folgen für die Umwelt bergen Risiken für das gesamte Strömungssystem.

### 2.1.1 Erhöhung der Süßwassereinträge

Durch den globalen Anstieg der Durchschnittstemperaturen schmelzen die Eismassen in den nördlichen Breiten und in Grönland. Zudem nehmen auch die Niederschläge und damit der Abfluss der Flüsse zu. Diese Faktoren erhöhen den Süßwassereintrag, der in den Nordatlantik fließt, das Meerwasser wird verdünnt und dessen Salzgehalt dadurch verringert. Das Wasser

---

[29] Vgl. Caeser, Levke et al., *Current Atlantic Meridional Overturning Circulation weakest in last millennium*, in: Nature Geosciences 14, London, 2021, S. 118

[30] Vgl. N. N., *Lexikon der Geographie: proxydata*, https://www.spektrum.de/lexikon/geographie/proxy-data/6277, 2001, 16.11.2022

[31] Vgl. Caeser, Levke et al., *Current Atlantic Meridional Overturning Circulation weakest in last millennium*, in: Nature Geosciences 14, London, 2021, S. 118

verliert an Dichte und erschwert das Absinken und damit die Bildung des kalten Tiefenwassers. Die in Kapitel 1.2.3 beschriebene Sogwirkung wird dadurch abgeschwächt, was ebenfalls für weniger Nachschub an salzhaltigem Wasser aus dem Golf von Mexiko sorgt. Dieser positive Rückkopplungseffekt könnte unter Umständen zu einer deutlichen Abschwächung oder gar einem Versiegen der thermohalinen Zirkulation führen. Messdaten und Klimamodelle deuten darauf hin, dass diese Situation erst ab einem Süßwassereintrag von ca. 100.000 m³/s kritische Ausmaße erreichen würde. Dies wäre mit einem Abschmelzen der Grönlandgletscher innerhalb von 1.000 Jahren gegeben. Allerdings lassen sich über die Zukunft des Grönlandeises keine exakten Aussagen treffen. Aufgrund dessen lässt sich das tatsächliche Risiko eines Ausfalls der thermohalinen Zirkulation derzeit nur sehr schwer einschätzen.[32]

Dass eine sehr große Menge an Süßwasser tatsächlich solch eine starke Abschwächung von Meeresströmungen bewirken kann, zeigt ein Blick in die Vergangenheit. Aus dem vorzeitlichen Agassizsee in Nordamerika floss vor ca. 8.200 Jahren innerhalb kürzester Zeit massenhaft Süßwasser in den Atlantik. Dadurch wurde das Golfstromsystem unterbrochen bzw. abgeschwächt, was die Durchschnittstemperaturen in den umliegenden Gebieten binnen weniger Jahren stark verringerte.[33]

## 2.1.2 Erwärmung der Meere

Parallel zur Verringerung des Salzgehalts sorgt die Erderwärmung durch den Treibhauseffekt auch für steigende Wassertemperaturen in den oberen Schichten der Ozeane. Im Zeitraum von 1860 bis zum Jahr 2000 hat sich die Oberflächentemperatur der Meere im Durchschnitt um 0,6° Celsius erwärmt. Bei näherer Betrachtung von einzelnen Teilabschnitten des Polarmeers lässt sich sogar eine drastische Erhöhung der Temperatur von bis zu 3° Celsius beobachten. Dies ist ebenfalls ein kritischer Faktor für die thermohaline Zirkulation, da warmes Wasser leichter ist als kaltes und somit, genau wie die Verringerung der Salinität, die Tiefenwasserbildung erschwert. Dies stellt folglich auch ein Risiko für eine funktionierende thermohaline Zirkulation dar.[34]

---

[32] Vgl. Rahmstorf, Stefan / Richardson, Katherine, *Wie bedroht sind die Ozeane? Biologische und physikalische Aspekte*, Frankfurt a. M., 2007, S. 146 - 148

[33] Vgl. Prof. Dr. Bosch, Thomas et al., *World Ocean Review 6*, Hamburg, 2019, S. 118

[34] Vgl. Rahmstorf, Stefan / Richardson, Katherine, Wie bedroht sind die Ozeane? Biologische und physikalische Aspekte, Frankfurt a. M., 2007, S. 113 - 116

# 3.    Zukunftsszenarien

Wie es in Zukunft tatsächlich um die Golfstromzirkulation stehen wird, lässt sich nicht exakt vorhersagen. Allerdings können mit Hilfe von sogenannten Klimamodellen Berechnungen angestellt werden, die Aussagen zulassen, welche Situationen eintreten könnten.

## 3.1    Gängige Klimamodelle

Bei Klimamodellen handelt es sich um komplexe Computerprogramme, die basierend auf den Schätzungen bestimmter Parameter (z.B. $CO_2$-Gehalt) Veränderungen der klimatischen Bedingungen berechnen können. Dadurch entstehen sogenannte „Klimaprojektionen", die allerdings keine Voraussagen oder Prognosen darstellen, sondern nur Szenarien, die eintreten könnten, wenn sich gewisse Bedingungen ändern. Diese Projektionen bilden die Basis für eine Beurteilung von Bedrohungen, aber auch Möglichkeiten, die durch Änderungen unseres Klimas zu Stande kommen. Folglich können dementsprechend Maßnahmen entwickelt werden, um sich an eine solche, veränderte Situation anzupassen.[35]

Für die Klimaprojektionen in Bezug auf das Golfstromsystem ergibt sich eine große Varianz und somit eine große Ungewissheit bezüglich der Zukunft des gesamten Systems. Ein Grund hierfür ist, dass für diese Klimamodelle hauptsächlich die Entwicklung des $CO_2$-Gehalts in unserer Atmosphäre berücksichtigt wird. Diese kann allerdings nicht akkurat vorhergesagt werden. Des Weiteren werden für die Berechnung von Klimamodellen ebenfalls ausreichend Daten zur natürlichen Variabilität der Strömung benötigt, die menschliche Einflüsse unter Umständen verzerrt darstellen bzw. überdecken. Auch diese Messdaten stehen nicht in ausreichender Qualität und Quantität zur Verfügung. Denn, genauere, flächendeckendere Messungen gibt es erst seit 1995 (vgl. Kapitel 2). Darüber hinaus wird auch der zukünftige Süßwassereintrag, bedingt durch die Schmelze des Grönland Eisschildes, nicht von den Projektionen mit einbezogen. Dieser Einflussfaktor könnte die Zirkulation noch um einiges stärker abschwächen, ist aber, genau wie der $CO_2$-Gehalt in der Atmosphäre, nur äußerst schwer vorherzusagen. Denn es ist noch weitgehend unbekannt, wie sich der Klimawandel z.B. auf die Bildung von Meereis auswirken könnte. Satellitendaten zeigen aber, dass Grönland durchschnittlich

---

[35] Vgl. N. N., *Klimamodelle und Szenarien*, https://www.umweltbundesamt.de/themen/klima-energie/klimafolgen-anpassung/folgen-des-klimawandels/klimamodelle-szenarien#soziookonomische-szenarien, 2022, 28.12.2022

270 Milliarden Tonnen Eis pro Jahr verliert. Die Geschwindigkeit dieser Eisschmelze könnte sich den kommenden Jahren weiter erhöhen, was die Zirkulation noch schneller und stärker verlangsamen könnte als in den nachstehenden Prognosen.[36]

In den folgenden Klimamodellen (siehe Abbildung 6) wird die Änderung der Golfstromzirkulation bei 30° nördlicher Breite gegenüber den Jahren 1970 bis 2000 betrachtet. Beurteilt werden zwei mögliche Szenarien: Das Szenario RCP4.5 bildet einen moderaten Anstieg der $CO_2$-Konzentration ab, wohingegen das Szenario RCP8.5 eine Art „Worst-Case-Szenario" mit einer extremen Erhöhung des Treibhausgases auf 1370 parts per million darstellt. Dies entspricht in etwa einer Vervierfachung der Konzentration des Gases im Vergleich zur vorindustriellen Zeit. Die Durchschnittswerte aller Projektionen wurden als fett markierte Linien gekennzeichnet.[37]

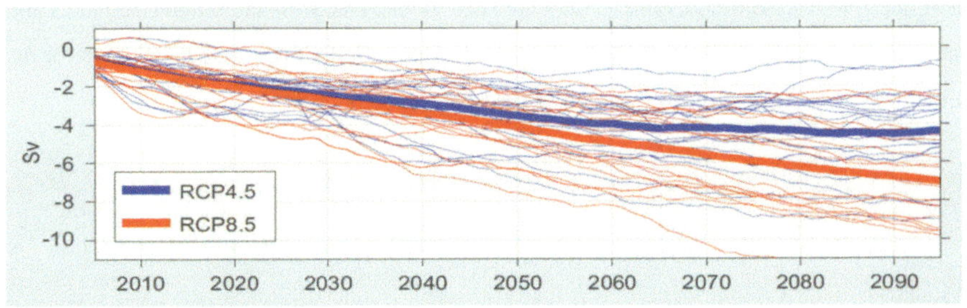


*Abbildung 6: Klimaprojektion zweier mögliche Szenarien, wie sich die Golfstromzirkulation in Zukunft entwickeln könnte[38]*

In beiden Szenarien wird die Meeresströmung deutlich abgeschwächt. Im extremen Szenario verliert die Zirkulation sogar ca. 37 % ihrer ursprünglichen mittleren Stärke von 19 Sverdrup. („Sverdrup, abgekürzt Sv, nach dem Ozeanographen H. U. Sverdrup benannte Einheit für den Wassertransport im Ozean. 1 Sv entspricht $1 \cdot 10^6$ m³ / s").[39]

Diese Modelle zeigen klar, dass sich die Menschheit in Zukunft wohl in jedem Fall mindestens auf eine weitere Abschwächung der Zirkulation gefasst machen muss, wenn es nicht gelingt den $CO_2$-Gehalt in der Atmosphäre künftig zu reduzieren.

---

[36] Vgl. Prof. Dr. Latif, Mojib et al., *Zukunft der Golfstromzirkulation*, Deutsches Klima-Konsortium e. V., Berlin, 2017, S. 17 - 18

[37] Vgl. Ebd.

[38] Ebd., S. 17

[39] N. N., *Sverdrup,* https://www.spektrum.de/lexikon/physik/sverdrup/14229, 1998, 29.12.2022

## 3.2 Einfluss der Eisschmelze des Grönlandeisschilds

Eine andere Studie versuchte erstmals auch das entscheidende Kriterium des Süßwassereintrags durch die fortwährende Eisschmelze in Grönland, und damit den zukünftigen Salzgehalt der Zirkulation, in ihren Berechnungen möglichst genau zu berücksichtigen. Die beteiligten Forscher/-innen um Pepijin Bakker von der Universität Bremen kommen zu dem Ergebnis, dass während das Golfstromsystem in konventionelleren Modellen (siehe Kapitel 3.1) eine vergleichsweise hohe Stabilität aufweisen kann, es in ihrer überarbeiteten Projektion hingegen sogar zu einem völligen Stillstand der Strömung innerhalb der nächsten 300 Jahre kommen könnte. Diese Studie bedeutet einen ersten Fortschritt gegenüber den anderen Klimamodellen, die das Abschmelzen des grönländischen Eisschildes nicht berücksichtigen. Dennoch ist es nötig, weitere Untersuchungen über die Entwicklung des Grönländischen Eisschildes und das Verhalten des zusätzlichen Süßwassereintrags anzustellen, um genauere Aussagen für die Zukunft des Golfstromsystems treffen zu können.[40]

# 4. Mögliche Auswirkungen eines Abschwächens oder Versiegens der Golfstromzirkulation auf Europa

Sollten sich die Zukunftsszenarien bewahrheiten und sich die Golfstromzirkulation in den kommenden Jahrzehnten, bedingt durch den Klimawandel, weiter abschwächen, könnte dies naturgemäß einige umfangreiche Folgen für das Klima des europäischen Kontinents und damit auch für deren Bewohner nach sich ziehen. Allerdings können auch hier keine exakten Prognosen aufgestellt werden, welche Folgen tatsächlich eintreten würden. Es gibt einfach zu viele Unbekannte, um genauere Vorhersagen treffen zu können.

## 4.1 Veränderung der Temperaturen

In den Medien wird, für den Fall eines Versiegens der Golfstromzirkulation, oftmals vom Beginn einer neuen Eiszeit in Europa gesprochen. Da die Erderwärmung die sinkenden Temperaturen durch die ausbleibende Strömungswärme des Golfstroms im Durchschnitt aller Wahrscheinlichkeit nach jedoch mehr als kompensieren wird, kann diese Hypothese mit großer Sicherheit widerlegt werden. Eine stärkere Abkühlung des Kontinents wäre nur unter speziellen

---

[40] Vgl. Bakker, Pepijin et al., *Fate of the Atlantic Meridional Overturning Circulation: Strong decline under continued warming and Greenland melting,* in: Geophysical Research Letters 43, 2016

Prämissen ein realistisches Szenario. Ein Ausfall der Strömung, verbunden mit einer gleichzeitigen Verringerung der $CO_2$-Konzentration in der Atmosphäre innerhalb der kommenden Jahre, könnte eine solche Senkung der Temperatur bewirken. Eine andere, denkbare Möglichkeit wäre eine abrupte Änderung des Strömungsverlaufes, wie ihn z.B. ein niederländisches Klimamodell prognostiziert.[41]

Abbildung 7 zeigt das Ergebnis, des unter Kapitel 3.2 bereits erwähnten Klimamodells amerikanischer Forscher/-innen, im Falle eines Abbruchs der Golfstromzirkulation.

*Anmerkung der Redaktion: Die Abbildung wurde aus urheberrechtlichen Gründen entfernt.*

*Abbildung 7: Veränderungen der Temperaturen im Winterhalbjahr durch ein beinahe vollkommen versiegtes Golfstromsystem in ca. 300 Jahren.*[42]

Wie in der Grafik zu erkennen, würde dies im Norden des Atlantiks zu einer deutlichen Abkühlung führen. Im Detail wären Grönland und Island sowie der Norden Skandinaviens besonders von einer stärkeren Abkühlung betroffen. Vor der Ostküste Grönlands und nordwestlich von Norwegen könnten die Temperaturen durchschnittlich um bis zu 9° Celsius geringer ausfallen. Auch Großbritannien sowie Teile Frankreichs und Deutschlands inklusive der Beneluxstaaten bekämen die Auswirkungen zu spüren. Zum Großteil fällt der Temperaturunterschied hier mit einer Verringerung um ca. 1° Celsius jedoch deutlich geringer aus. Die restlichen Landmassen des Kontinents würden sich hingegen sogar etwas erwärmen, was, wie bereits erwähnt, im Fortschreiten der globalen Erwärmung durch den höheren $CO_2$-Gehalt begründet ist.

Im Allgemeinen lässt sich festhalten, dass ein Abschwächen des Golfstromsystems voraussichtlich dafür sorgen wird, dass sich der europäische Kontinent langsamer erwärmen wird als der Rest des Planeten.

---

[41] Vgl. Rahmstorf, Stefan / Richardson, Katherine, *Wie bedroht sind die Ozeane? Biologische und physikalische Aspekte*, Frankfurt a. M. 2007, S. 146 - 148

[42] Rahmstorf, Stefan, *Die unterschätzte Gefahr eines Versiegens des Golfstromsystems*, https://scilogs.spektrum.de/klimalounge/die-unterschaetzte-gefahr-eines-versiegens-des-golfstromsystems/, 2017, 30.12.2022

## 4.2 Veränderungen im Ökosystem Meer

Auch wenn die Diskussionen sich in den meisten Fällen auf eine Änderung der Temperaturen und die damit verbundenen Folgen für die Menschheit beschränken, sind es Flora und Fauna der Ozeane, die die Folgen am drastischsten zu spüren bekämen. Denn die Strömung der thermohalinen Zirkulation verteilt die Nährstoffe im ganzen Nordatlantik und bewirkt dadurch einen äußerst artenreichen, maritimen Lebensraum. Erste Simulationen ergaben, dass eine Minderung dieses Kreislaufs das Gleichgewicht des Ökosystems besorgniserregend aus den Fugen bringen würde. Als Beispiel könnten Nährstoffe wie Phytoplankton in den betroffenen Regionen stark abnehmen und damit eine folgenschwere geographische Umverteilung von Meereslebewesen auslösen.[43]

## 4.3 Anstieg des Meeresspiegels

Klimamodelle prognostizieren für den Meeresspiegel ebenfalls Auswirkungen. Dieser könnte allein durch einen Kollaps der thermohalinen Zirkulation im Norden des Atlantischen Ozeans um bis zu einem Meter ansteigen. Ein durch die Erderwärmung und den damit verbundenen erhöhten Süßwassereintrags induzierter Anstieg des Meeresniveaus wurde hierbei nicht einkalkuliert.[44]

## 4.4 Meteorologische Veränderungen

Auch in Bezug auf die meteorologischen Verhältnisse sind Veränderungen zu erwarten. Eine Studie fand mit Hilfe eines hochauflösenden Ozeanzirkulationsmodells heraus, dass die kühleren Temperaturen des Atlantiks voraussichtlich die Anzahl der Wolken über dem Ozean erhöhen und die auf dem Festland verringern werden, denn dorthin würde weniger Feuchtigkeit des Ozeans transportiert werden. Dies ist auf eine Verringerung der Westwinde im Szenario eines schwächeren Golfstromsystems zurückzuführen. Aus diesem Grund käme es in Nord- und Mitteleuropa zu einer Verringerung des jährlichen Niederschlags und die Trockenheit würde in den betroffenen Regionen weiter zunehmen. Im Mittelmeerraum hingegen müsste in Zukunft mit etwas mehr Regen gerechnet werden. Diese Diskrepanz in den Niederschlägen könnte die, vom Klimawandel bewirkte, Austrocknung des Kontinents im Norden Europas

---

[43] Vgl. Rahmstorf, Stefan / Richardson, Katherine, *Wie bedroht sind die Ozeane? Biologische und physikalische Aspekte*, 2007, Frankfurt a. M., S. 146 - 148, 204
[44] Vgl. Ebd., S. 149 - 150

weiter verstärken und im Süden dagegen leicht abschwächen. Durch Änderungen in der atmosphärischen Zirkulation, wie z.B. einer Veränderung des nordatlantischen Jetstream, könnten Stürme generell, im Speziellen aber Winterstürme vor allem in England und Norwegen, zunehmen.[45]

Ein britisches Forscherteam vermutet außerdem einen Zusammenhang mit einer kühleren Region im Nordatlantik (vgl. aktuelles „Wärmeloch" in Abbildung 5 oder prognostizierte Entwicklung in Abbildung 7) und der Entstehung von Hitzewellen in Europa. Das Abkühlen der Meeresoberfläche könnte für Änderungen beim Luftdruck in darüber liegenden Luftschichten sorgen. Daraus könnte resultieren, dass mehr warme Luft aus dem Süden nach Europa strömt, was wiederum zu Hitzewellen führt. Ein solches Szenario gab es beispielsweise bereits im Jahr 2015. Damals waren die Wassertemperaturen im Atlantischen Ozean niedriger als je zuvor, was die Hypothese eines Zusammenhangs mit Hitzewellen stützt.[46]

Sollte dies zutreffen, wären als Folge des abgeschwächten Golfstromsystems in Zukunft auch zunehmende Temperaturextreme im Sommer zu erwarten.

## 4.5  Einfluss auf das arktische Meereis

Im Gegensatz zu den meisten anderen Auswirkungen hätte ein geschwächtes Golfstromsystem auf das arktische Meereis sogar einen positiven Einfluss. Aufgrund der prognostizierten, um bis zu 9° Celsius niedrigeren Temperaturen im Nordpolarkreis (siehe auch Abbildung 7), würde der zukünftige Verlust des arktischen Meereises abgeschwächt werden. Simulationen zeigen, dass im Gegensatz zu einem konstanten Strömungssystem, das Nordpolarmeer während des Sommers erst durchschnittlich 6 Jahre später eisfrei werden könnte (ca. 2070er Jahre; siehe Abbildung 8). Dieser Effekt würde sich aber nicht nur im Sommer zeigen. In den Wintermonaten, z.B. in den Jahren von 2061 bis 2080, könnte eine verminderte Golfstromzirkulation bis zu 50 % des Verlustes von Meereis im Nordpolarkreis verhindern.[47]

---


[45] Vgl. Jackson, L.C., *Global and European climate impacts of a slowdown of the AMOC in a high resolution GCM*, in: Climate dynamics 45.11, 2015, S. 3305 - 3309

[46] Vgl. Duchez, Aurélie et al., *Drivers of exceptionally cold North Atlantic Ocean temperatures and their link to the 2015 European heat wave*, in: *Environmental Research Letters* 11.7, Bristol, 2016

[47] Vgl. Liu, Wei et al., *Climate impacts of a weakened Atlantic Meridional Overturning Circulation in a warming climate*, in: Science Advances 6.26, Washington D.C., 2020, S. 4 - 5

Abbildung 8 zeigt die Ausdehnung des arktischen Meereises in der Simulation im Monat September. Die schwarze horizontale Linie markiert eine per Definition eisfreie Arktis (1 * 106 km$^2$). Die grüne Linie stellt den Verlauf der Eisfläche mit einem abgeschwächten Golfstromsystem dar (RCP 8.5 Szenario siehe 3.1), während die lilafarbene Linie Veränderungen der Eisfläche bei einer konstanten Strömung berücksichtigt. Der zeitliche Unterschied vor Erreichen einer eisfreien Arktis beträgt in etwa 6 Jahre.[48]

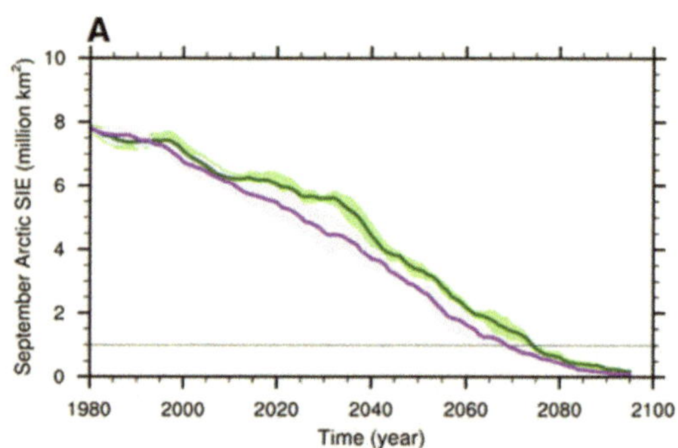


*Abbildung 8: Ausdehnung des arktischen Meereises in der Simulation im Monat September.[49]*

# 5.  Maßnahmen gegen ein Abschwächen des Golfstromsystems

Die in Kapitel 2 bis 4 beschriebenen Entwicklungen, Zukunftsszenarien und deren Folgen werfen zwangsläufig die Frage auf, wie einer drohenden Abschwächung des Golfstromsystems entgegengewirkt werden kann. Da das Hauptrisiko für diese Entwicklungen voraussichtlich der anthropogene Klimawandel mit seinem steigenden $CO_2$-Gehalt ist, richten sich die Maßnahmen gegen ein Abschwächen hauptsächlich gegen den Klimawandel selbst. Denn, nur wenn es der Menschheit gelingt, den Anstieg der Temperaturen durch den Treibhauseffekt einzugrenzen, könnte auch die Golfstromzirkulation stabilisiert werden.

---

[48] Vgl. Ebd.
[49] Ebd. S. 4

Potenzielle Maßnahmen zur Abschwächung des anthropogenen Klimawandels sind hinläng-
lich bekannt. Der Verzehr von Rindfleisch ist zum Beispiel in fast allen Ländern der größte er-
nährungsbezogene Verursacher von Treibhausemissionen. Weniger Fleischkonsum könnte
den Ausstoß der umweltschädlichen Gase um 20 % - 50 % verringern.[50] Weitere Maßnahmen,
wie z.B. der Verzicht auf die Nutzung eines Autos bei kurzen Strecken oder das Energiesparen
durch Abschalten nicht benötigter elektrischer Geräte helfen ebenfalls dabei, die Emissionen
zu reduzieren.[51]

Um die individuellen Verhaltensänderungen in Sachen Klimawandel anzustoßen, ist insbesondere auch die Politik gefragt. So hat beispielsweise die Europäische Union am 28.06.2021 das
„Europäische Klimagesetz" verabschiedet und somit das Ziel der Klimaneutralität bis zum Jahr
2050 im Gesetz verankert.[52]

Die oben aufgeführten individuellen und politischen Maßnahmen sind jedoch nur ein kleiner
Teil der unzähligen Möglichkeiten, die gegen den Klimawandel und damit auch gegen eine
Abschwächung der Golfstromzirkulation unternommen werden können.

# 6.   Schlussbemerkung

Die Wissenschaft konnte in den letzten Jahrzehnten das Golfstromsystem näher erforschen
und so zu einigen neuen Erkenntnissen gelangen. Nichtsdestotrotz existieren immer noch
deutlich zu viele Unbekannte und Ungewissheiten, um exakte Aussagen über eine zukünftige
Entwicklung der Strömung und den Folgen einer möglichen weiteren Abschwächung treffen
zu können. Dennoch geben uns die verschiedenen, umfangreichen und hochkomplexen
Klimamodelle einen Einblick, wie sich das Leben ohne bzw. mit deutlich abgeschwächter Golfstromzirkulation gestalten könnte. Auch wenn deren Projektionen aktuell noch sehr große
Streuungen aufweisen.

Eine Eiszeit, wie sie von manchen Medien gerne zitiert wird, wird es selbst bei einem vollstän-
digen Versiegen des Golfstroms nicht geben. Denn die globale Erderwärmung würde den

---

[50] Vgl. Burger, Paul et al., *SUFFIZIENZ IM ALLTAG Vielversprechende Schritte auf dem Weg zur Erreichung einer CO2 armen Gesellschaft*, Universität Basel, Basel, 2019, S. 5
[51] Vgl. N. N., *Klimaschutz beginnt im Haushalt. Die 77 besten Klimaschutz-Tipps,* https://www.nabu.de/umwelt-und-ressourcen/klima-und-luft/klimawandel/06740.html, *06.01.2023*
[52] Vgl. N. N., Rat beschließt Europäisches Klimagesetz, https://www.consilium.europa.eu/de/press/press-releases/2021/06/28/council-adopts-european-climate-law/, 2021, 06.01.2023

daraus folgenden, abkühlenden Temperaturen auf dem europäischen Festland entgegenwirken. Generell gilt ein totaler Stillstand der Strömung nach aktuellem Kenntnisstand als unwahrscheinlich. Allerdings ist besonders der schmelzende Eisschild Grönlands, mit dem daraus folgenden erhöhten Süßwassereintrag und damit der Verdünnung des salzhaltigen Meerwassers im Atlantik, der größte Unsicherheitsfaktor, dessen Entwicklung und Folgen für das Golfstromsystem zum jetzigen Zeitpunkt nicht absehbar sind.

Fakt ist: Die Zirkulation befindet sich in ihrem schwächsten Zustand der letzten 1.000 Jahre. Als Hauptursache hierfür gilt der anthropogene Klimawandel. Sollte die Menschheit den anhaltenden Anstieg des $CO_2$-Gehalts in der Atmosphäre nicht in den Griff bekommen, ist eine weitere Abschwächung der Strömung wohl unvermeidbar. Wie ausgeprägt diese im Endeffekt ausfallen wird, lässt sich derzeit nicht vorhersehen. Um sicherere Prognosen treffen zu können, ist noch eine Menge an Forschungsarbeit nötig.

Wir tragen alle gemeinsam die Verantwortung, dieser Entwicklung entgegenzusteuern. Es liegt an uns und unseren Entscheidungen, die wir jeden einzelnen Tag treffen, die Emissionen zu reduzieren, um den Planeten und damit gleichzeitig die Golfstromzirkulation zu retten.

# 7.   Quellenverzeichnis


Bakker, Pepijin et al., *Fate of the Atlantic Meridional Overturning Circulation: Strong decline under continued warming and Greenland melting*, in: Geophysical Research Letters 43, 2016

Prof. Dr. Bosch, Thomas et al., *World Ocean Review 6*, Hamburg, 2019

Burger, Paul et al., *SUFFIZIENZ IM ALLTAG Vielversprechende Schritte auf dem Weg zur Erreichung einer CO2 armen Gesellschaft*, Universität Basel, Basel, 2019

Caeser, Levke et al., *Current Atlantic Meridional Overturning Circulation weakest in last millennium*, in: Nature Geosciences 14, London, 2021

Duchez, Aurélie et al., *Drivers of exceptionally cold North Atlantic Ocean temperatures and their link to the 2015 European heat wave*, in: Environmental Research Letters 11.7, Bristol, 2016

Fofonoff, Nicholas Paul, *The Gulf Stream System, Evolution of Physical Oceanography: scientific surveys in honor of Henry Stommel*, 1981

Jackson, L.C., *Global and European climate impacts of a slowdown of the AMOC in a high resolution GCM*, in: Climate dynamics 45.11, 2015

Dr. Lämmerhirt, Herrmann, *Der Golfstrom: seine Entstehung und sein Einfluß auf das Klima des nordwestlichen Europas*, Bremerhaven, 1887

Prof. Dr. Latif, Mojib et al., *Zukunft der Golfstromzirkulation*, Deutsches Klima-Konsortium e. V., Berlin, 2017

Liu, Wei et al., *Climate impacts of a weakened Atlantic Meridional Overturning Circulation in a warming climate*, in: Science Advances 6.26, Washington D.C., 2020

N. N., *Corioliskraft*, https://www.dwd.de/DE/service/lexikon/begriffe/C/Corioliskraft.html, 07.11.2022

N. N., *Klimamodelle und Szenarien*, https://www.umweltbundesamt.de/themen/klimaenergie/klimafolgenanpassung/folgen-des-klimawandels/klimamodelle-szenarien#soziookonomische-szenarien, 2022, 28.12.2022

N. N., *Klimaschutz beginnt im Haushalt. Die 77 besten Klimaschutz-Tipps,*
https://www.nabu.de/umwelt-und-ressourcen/klima-und-luft/klimawandel/06740
.html, 06.01.2023

N. N., *Lexikon der Geographie: proxydata,*   https://www.spektrum.de/lexikon/geographie
/proxydata/6277, 2001, 16.11.2022

N. N., Rat beschließt Europäisches Klimagesetz, https://www.consilium.europa.
eu/de/press/press-releases/2021/06/28/council-   adopts-european-climate-law/,
2021, 06.01.2023

N. N., *Sverdrup,* https://www.spektrum.de/lexikon/physik/sverdrup/14229, 1998,
29.12.2022

N. N., *Tourismus,* https://www.europarl.europa.eu/factsheets/de/sheet/126/tourism, 2022,
29.12.2022

Ortlieb, Claus Peter et al., *Stabilität des Golfstroms,* 2009

Pantenburg, Vitalis, *Der Golfstrom: Fernheizung Europas,* in: Lux-Lesebogen 351, 1961

Rahmstorf, Stefan, *Die unterschätzte Gefahr eines Versiegens des Golfstromsystems,*
https://scilogs.spektrum.de/klimalounge/die-unterschaetzte-gefahr-eines-
versiegens-des-golfstromsystems/, 2017, 30.12.2022

Rahmstorf, Stefan / Richardson, Katherine, *Wie bedroht sind die Ozeane? Biologische und
physikalische Aspekte,* Frankfurt a. M., 2007

Rahmstorf, Stefan, *Thermohaline Ocean Circulation,* in: Encyclopedia of Quarternary Sciences, Amsterdam, 2006

Stommel, Henry, *The Gulf Stream – A Brief History of the Ideas Concerning Its Cause,* in: The
Scientific Monthly 70.4, 1950

Dr. Zenker, E., *Der Golfstrom: Der Warmwasserspeicher Europas,* in: Prisma 11, 1950

# 8.  Abbildungsverzeichnis

# BEI GRIN MACHT SICH IHR WISSEN BEZAHLT

- Wir veröffentlichen Ihre Hausarbeit, Bachelor- und Masterarbeit

- Ihr eigenes eBook und Buch - weltweit in allen wichtigen Shops

- Verdienen Sie an jedem Verkauf

Jetzt bei www.GRIN.com hochladen und kostenlos publizieren